Dr. Brigitte Rauth-Widmann

Rennmäuse

Artgerecht halten und pflegen

Inhalt

Die Mäuse,
die keine sind 3
    Von der Steppe in die Stube 4
    Rennmäuse in vielen Farbvarianten 6
    Nach Gemeinschaft steht ihnen der Sinn 8

Haltung und Pflege 11
    Das richtige Rennmausheim 12
    Die Standortfrage 13
    Artgerechte Ausstattung 13
    Rundum gepflegt 16

Ernährung 19
    Trockenfutter 19
    Feuchtfutter 20
    Tierisches Eiweiß 21

Mit Rennmäusen leben 22
    Vertraut machen 24
    Tiere aneinander gewöhnen 25
    Rennmäuse und ihre Sinne 26
    Körpersprache 27
    Wenn Rennmäuse krank werden 28
    Auffällig, aber nicht krankhaft 29
    Gemeinsam Spaß haben 30

Gewidmet unseren Flitzflusen und Schredder-Weltmeistern Blacky, Merry, Cilli, Jaro, Scheckie, Speedy, Fox, Marie, Stormer, Jamper, Joy, Jule und den sechs Schwarzen, die uns mit ihrem freundlichen und zutraulichen Wesen so rührende Einblicke in ihr Privatleben ermöglicht haben beziehungsweise immer noch ermöglichen.

Von Dr. Brigitte Rauth-Widmann

Impressum

Copyright © 2006 by
Cadmos Verlag GmbH, Brunsbek
Gestaltung und Satz: Ravenstein, Verden
Fotos: Karl-Heinz Widmann
Druck: GCC, Calbe

Alle Rechte vorbehalten.
Abdrucke oder Speicherung in elektronischen Medien nur nach vorheriger schriftlicher Genehmigung durch den Verlag.
Printed in Germany.

ISBN 978-386127-076-8

Gerade ihre Zutraulichkeit und ihre Neugierde machen sie als Heimtiere so beliebt: Mongolische Rennmäuse.

Die Mäuse, die keine sind

Wie unwirtlich ein Ort auch erscheinen mag, tierische Überlebenskünstler gibt es dennoch. Dies erfuhren auch die Naturwissenschaftler, die 1935 während ihrer Erkundungsreisen durch die kargen, trocken-heißen Halbwüsten und Steppen Nordchinas und der Mongolei auf jene kleinen Kolonien von dort beheimateten mäuseartigen Nagetieren stießen. Oft zu mehreren eilig an der Erdoberfläche auf sandigem Boden oder zwischen Dornen und Steinen unterwegs, emsig scharrend auf der Suche nach Nahrung, dabei wachsam und stets bereit, sich beim geringsten Mucks blitzschnell in ihre unterirdischen Baue zurückzuziehen: So präsentierten sich ihnen die possierlichen Nager mit den markanten Quastenschwänzchen. 40 Tiere, so heißt es, wurden damals eingefangen – 20 Männchen und ebenso viele Weibchen. Auf verschiedene Laboratorien (zunächst in Japan, später auch in den USA und Europa) verteilt und jeweils paarweise gehalten brachten die vermehrungsfreudigen Nager rasch zahlreichen Nachwuchs hervor, der zunächst ausschließlich medizinischen Forschungszwecken diente. Aber das blieb nicht lange so. Vor allem wegen ihres freundlichen, unkomplizierten Wesens hielten Mongolische Rennmäuse bald auch Einzug in unsere Wohnzimmer – und ihre Zahl stieg stetig.

Merries sind weder Knuddel- noch Schmusetiere. Wer jedoch gern beobachtet und darin den Schwerpunkt der Beschäftigung mit seinen Heimtieren sieht, wird viel Freude an diesen aufgeweckten, aktiven Nagern haben.

Systematik und Namensgebung

Rennmäuse besitzen Nagezähne und gehören daher zur Ordnung der Nagetiere (Rodentia). Innerhalb dieser Tierordnung wurden sie in die Unterfamilie Rennmäuse (Gerbillinae) eingruppiert. Weil sie stets in Hab-Acht-Stellung sind und ihre ureigensten Ziele eisern verfolgen, erhielten die Tiere den Gattungsnamen Meriones. Das ist griechisch und bedeutet Krieger. Ihren langen, auffällig glänzenden, oft sehr dunkel gefärbten Krallen (auf Lateinisch unguiculatus*: mit Krallen) verdanken sie den Artnamen Meriones unguiculatus, also die mit Krallen bewehrten Krieger. Oft nennt man sie einfach liebevoll Merries.*

Dieser steile Anstieg auf der Beliebtheitsskala kleiner Heimtiere ist nach wie vor ungebremst. Etwas irreführend ist indes ihre Namensgebung, denn Rennmäuse haben bei genauer Betrachtung kaum etwas mit den so genannten Echten Mäusen gemeinsam. Stattdessen sind sie eng verwandt mit den buddelfreudigen Hamstern – ein Merkmal, das sich auch in den Haltungsbedingungen niederschlägt. Überdies stiftet ihre englische Bezeichnung Verwirrung. Im angelsächsischen Sprachraum heißen Mongolische Rennmäuse „Mongolian „gerbils", kurz gerbils, weshalb man sie auch hierzulande oft als Gerbils anspricht; was natürlich falsch ist, denn die kleinen Mongolen zählen überhaupt nicht zur Gattung Gerbillus (Echte Rennmäuse), sondern zur Gattung Meriones, also zu den Sandmäusen. Eine weitere Bezeichnung für die flinken Flitzer ist „Wüstenrennmäuse".

Von der Steppe in die Stube

An die extremen Klimabedingungen in ihrer asiatischen Heimat, also hohe Tages- und niedrige Nachttemperaturen sowie große Trockenheit, haben sich die Mongolischen Rennmäuse hervorragend angepasst, sowohl körperlich als auch mit ihren Verhaltensweisen. So legen Rennmäuse ausgedehnte unterirdische Tunnelsysteme mit mehreren Ein- und Ausgängen an, in denen sie Schutz vor Hitze, Kälte und Trockenheit, aber auch vor ihren zahlreichen Fressfeinden finden. Mit einer geräumigen, weich gepolsterten Schlafkammer und einem kleinen Futterspeicher ausgestattet, können sie dort im Ausnahmefall auch mal einen Tag bleiben, ohne zu verhungern. Obwohl sie meist kein Feuchtfutter lagern, verdursten sie währenddessen trotzdem nicht. Denn Mongolische Rennmäuse brauchen äußerst geringe Mengen Flüssigkeit zum Leben. Ihr Stoffwechsel ist darauf ausgerichtet, mit sehr wenig Wasser auszukommen. Der Tau, der sich nach den kalten Nächten morgens auf Kräutern und Samen niedergeschlagen hat, genügt ihnen. Zudem sind die kleinen Harnmengen, die die Tiere produzieren, hoch konzentriert, und der Kot ist extrem trocken – so geht von der kostbaren Flüssigkeit nichts unnötig verloren.

Ihr hoher Grundumsatz zwingt die kleinen Renner aber gewöhnlich dazu, den Bau häufiger zu verlassen und auf Nahrungssuche zu gehen. Alle drei bis vier Stunden ist es so weit. Dann brechen sie gemeinsam auf, um Samen, Kräuter, kleine Blätter und gelegentlich ein paar Insektenlarven zu suchen. Obwohl ihre Hauptaktivitätsphasen – wegen der dann kühleren und feuchteren Witterung – in den frühen Morgen- und späten Abendstunden liegen, bekommt man Mongolische Rennmäuse auch tagsüber zu Gesicht. Im Hinblick auf ihre Haltung als Heimtiere ist das ein großer Vorteil, da man zu unterschiedlichen Tageszeiten mit seinen Tieren Kontakt aufnehmen kann und nicht, wie etwa beim rein dunkelaktiven Goldhamster, gezwungen ist Interaktionen auf die Dämmerung zu beschränken.

Eine weitere charakteristische Eigenschaft der Mongolische Rennmäuse ist ihr unbändiger Bewegungsdrang, der sie zur Futtersuche täglich auf weite Strecken ins Gelände treibt. Die kargen Nahrungsressourcen in ihren Ursprungsgebieten zwangen die Tiere dazu, denn nur diejenigen konnten überleben und sich fortpflanzen, die eine besonders hohe Bewegungs- und Erkundungsenergie entfalteten und infolgedessen genügend Nahrung fanden. Dieses Laufen und Scharren ist so fest im Rennmauserbgut verankert, dass sich

Mit der dichten Behaarung am Rumpf, an den Öhrchen, dem Schwanz und sogar zwischen den Pfotenballen der Hinterfüße können die eiligen Langstreckenläufer ausgezeichnet der Hitze des Tages trotzen – zudem schützt dieser Pelz in den eisigen Wüstennächten vor Auskühlung.

Dank ihres markanten Schlaf-Wach-Rhythmus sind Rennmäuse auch tagsüber munter und dann auf Entdeckungstour oder Futtersuche – fünf bis zehn kleine Mahlzeiten brauchen die Tiere pro Tag.

gravierende Verhaltensstörungen ausprägen, wenn es unterbunden wird. Dies muss bei ihrer Haltung unbedingt berücksichtigt werden, denn das Wohlbefinden der Tiere hängt entscheidend davon ab.

Ein starker Bewegungsdrang allein ist freilich nicht ausreichend für ein Überleben in offenen Weiten mit wenig Deckung. Besondere Vor- und Umsicht sind hier mindestens ebenso wichtig. Und so legen die Mongolischen Rennmäuse ein unverkennbares Verhaltensmuster an den Tag: Stets eilen sie nur wenige Schritte geradlinig voran, halten dann unvermittelt inne und verharren einige Momente völlig regungslos, wobei sie meist in typischer Pose auf den Hinterbeinen stehend, ihren kräftigen Schwanz als Stütze auf den Boden gepresst, die Umgebung aufmerksam inspizieren. Die Tarnwirkung dieser ruckartigen Fortbewegung ist wirklich frappierend. Doch Rennmäusen scheint dies offensichtlich noch nicht zu genügen, denn selbst bei der Nahrungsaufnahme – was wegen der besseren Übersicht meist ebenfalls in mehr oder weniger aufrechter Haltung geschieht – zeigen sie diese erhöhte Wachsamkeit: Alle paar Sekunden stellen sie ihre Nagebewegungen ein, um kurz zu sichern, dann erst knabbern sie weiter.

Dieses Rennmausweibchen trägt das ursprüngliche, dunkel wildfarbene Fell mit den typisch gebänderten Härchen. Solche Tiere sind heute selten geworden.

Eine schwarz-weiß gescheckte Rennmaus mit schwarzen Augen, weißen Tasthaaren und hellen Krallen

Rennmäuse in vielen Farbvarianten

Vor Fressfeinden unerkannt bleiben, das ist das Motto der Rennmäuse. Und womit könnte dies besser gelingen als mit einem tarnfarbenem Haarkleid? Wildagouti wird diese spezielle, unauffällige Fellfarbe genannt, die die kleinen Mongolen natürlicherweise tragen. Man versteht darunter einen melierten Farbton aus Dunkelbraun, Goldgelb und Hellgrau, der in seiner

Eine häufige Farbe: Schwarz. Recht typisch für diesen Farbschlag sind ein paar weiße Härchen am Kinn oder an den Pfötchen.

Der Algierfuchs, eine hübsche, honiggelbe Farbvariante. Ein Algier hat schwarze Augen, dunkle Krallen und dunkle Sohlen.

Ein Rennmausweibchen im Marderkleid, einem Farbmuster ähnlich der Siamfärbung, nur dunkler.

Intensität unter anderem von der Außentemperatur abhängig ist. Je heißer es in einer bestimmten Gegend ist, umso heller sind die dort lebenden Tiere. Meliert wirkt das Agoutifell deswegen, weil jedes einzelne Härchen alle drei Färbungen aufweist, jeweils als eine Art Farbband strukturiert und von der Wurzel zur Spitze hin dunkler werdend.

Viele spezifische Rennmauseigenschaften blieben auf ihrem Weg vom Wildtier zum Heimtier völlig unverändert. Ihr typisches Haarkleid zählt allerdings nicht dazu, denn Mongolische Rennmäuse gibt es heute in den unterschiedlichsten Farben und Fellzeichnungen, so beispielsweise in einheitlichem Silbergrau, zimt-weiß gescheckt oder im so genannten Siamfell, bei dem (bei sonst hellem Fell) nur Ohren, Näschen, Pfoten und Schwanz dunkel gefärbt sind.

Woher rührt diese Vielfalt? Farbmutationen treten spontan und sogar recht häufig auf, auch bei den wild lebenden Rennmäusen. Da die resultierenden Fellfarben aber meist eine schlechtere Tarnung vor Fressfeinden bedeuten, kommt es erst gar nicht bis zur Vererbung der entsprechenden Gene. Bei der Heimtierhaltung besteht dieser Selektionsdruck nicht. Demzufolge können auch abweichende Farben und Zeichnungen Bestand haben und durch gezielte Züchtung immer mehr modifiziert werden. Die unterschiedlichen Farben können einzeln (einfarbig) oder gemeinsam mit anderen vorkommen.

Mit Veränderungen der Fellfärbung variiert die Augenfarbe. Wildfarbene und rein schwarz gefärbte Mongolische Rennmäuse haben tiefschwarze Augen, die Augen von Albinos hingegen sind rot. Zudem gibt es Rennmäuse mit hellrosa, rubin- oder dunkelroten Augen, etwa solche in der Fellfarbe Silbergrau oder Zimt. Diese Tiere sind trotz ihrer rötlichen Augen keine Albinos.

Nach Gemeinschaft steht ihnen der Sinn

Mongolische Rennmäuse sind sehr gesellig. Bis zu 20 Tiere leben gemeinsam in einem Bau. Dort beschäftigen sie sich damit, ihre Wohnräume aus- und umzugestalten, Futter zu suchen und den Nachwuchs aufzuziehen. Außerdem sind sie monogam. Und so sind – außer den Stamm-

13 Tage ist dieses Rennmausbaby alt – zur Orientierung verlässt es sich jetzt vor allem auf seinen Tast- und Geruchssinn. Sehen kann es noch nichts, denn seine Augenlider öffnen sich erst im Verlauf der dritten Lebenswoche.

Ohne tatkräftige Unterstützung können die wenige Tage alten Rennmauskinder weder Kot noch Harn ausscheiden. Erst Mutters tüchtiges Lecken löst den Reflex aus.

eltern – meist alle Tiere der Gruppe eng miteinander verwandt. Trotzdem kommt es gewöhnlich nicht zu Inzestverpaarungen (also zu Paarungen zwischen Geschwistern beziehungsweise zwischen Eltern und Kindern), denn nur das Stammpärchen pflanzt sich fort. Bestimmte ständig von den Eltern frei gesetzte Duftstoffe verhindern, dass die Kinder fortpflanzungsbereit werden. Stirbt allerdings ein Elternteil, beispielsweise der Vater, fehlen seine spezifischen männlichen Hemmstoffe, was bewirkt, dass nun der ranghöchste Sohn die sexuelle Reife erlangt und dessen Stelle einnimmt. Ist die arttypische Gruppengröße erreicht, werden die Vermehrungsaktivitäten so lange eingestellt, bis Tiere sterben oder abwandern, um in einem Umkreis von bis zu vier Kilometern nach einem geeigneten Paarungspartner zu suchen und nun eine eigene Familie zu gründen.

Mongolische Rennmäuse werden im Alter von sechs bis zwölf Wochen geschlechtsreif. Ein Weibchen wird alle vier bis sieben Tage brünstig und dann vom Männchen stürmisch umworben mit Beschnuppern, Trommeln und Umherscheuchen. Immer dann, wenn es kurz anhält, wird es begattet. Waren die Paarungen erfolgreich, werden nach 24 bis 26 Tagen vier bis acht knapp drei Gramm schwere Babys geboren. Mutter wie Vater kümmern sich rührend um den Nachwuchs, der zu diesem Zeitpunkt weder sehen noch hören kann. Wenn sich nach rund zwei Wochen die Augen der Rennmauskinder öffnen, krabbeln sie immer häufiger Mal aus ihrer Nestmulde und danach auch im gesamten Bau umher. Spielen mit den Eltern und Geschwistern und Abgucken, was die Großen machen, das sind jetzt neben Fressen ihre wichtigsten Beschäftigungen. Nach 21 Tagen sind die Kleinen abgestillt, und ihre Mutter ist schon wieder hochträchtig. Der Grund für diese rasche Generationsfolge ist der so genannte Post-Partum-Östrus, der die Rennmausweibchen in die Lage versetzt, bereits acht Stunden nach dem Werfen wieder erfolgreich gedeckt zu werden.

Nicht nur bei der Geburtenkontrolle spielen Düfte eine bedeutende Rolle. Mit Duftstoffen in ihrem Kot, Harn und den Sekreten ihrer zahlreichen Duftdrüsen verständigen sich Rennmäuse sowohl mit den Mitgliedern ihrer Sippe als auch mit fremden Artgenossen. Durch gezieltes Platzieren dieser Düfte stecken sie ihr Revier ab, das sie dann durch Beißen und mit Fausthieben heftig gegen Eindringlinge verteidigen. Ob Freund oder Feind: Am Anfang jeder Begegnung steht eine kurze gegenseitige Berührung an den Nasenspitzen, danach beschnuppern sich die Tiere mehr oder weniger ausgiebig. Ob sich eine kämpferische Auseinandersetzung anschließt oder ob sich die Tiere nun gegenseitig putzen, miteinander auf Erkundungstour gehen oder friedlich zusammenkuscheln, hängt von der Duftaura des Gegenübers ab. Trägt dieser den vertrauten Sippengeruch, herrscht Entspannung; riecht er fremd, kommt Verteidigungsstimmung auf.

Neben Düften spielen bei der Verständigung auch Körpersprache und Laute eine große Rolle. Erregtes Trommeln mit den Hinterbeinen bedeutet Gefahr – je heftiger und je schneller dieses Trommeln, umso größer die Bedrohung. Mit unterschiedlichsten Fiepgeräuschen teilen die Tiere einander ihr Befinden und auch ihren Standort mit.

Mit diesem so genannten Unterkriechen signalisiert das Jungtier (links) dem Alttier seine Unterwürfigkeit, zudem werden dabei Duftstoffe ausgetauscht, anhand derer sich die Tiere wiedererkennen.

Offene Weiten gehören ebenso zu ihrem Lebensraum wie unterirdische Gangsysteme. Wie schön, wenn auch das Gehege genügend Platz bietet, damit Rennmäuse ihr natürliches Verhalten (weitgehend) ausleben können.

Haltung und Pflege

Als ausdauernde Langstreckenläufer brauchen Mongolische Rennmäuse viel Bewegungsraum. Da aber selbst der lückenlos beaufsichtigte Freilauf im Zimmer für diese flinken und stets fluchtbereiten Nager nicht wirklich empfohlen werden kann, sollte man den kleinen Hausgenossen anderweitig ausreichend Betätigungsfelder bieten: zum einen im geräumigen Rennmausheim und zum anderen in einem eigens für sie eingerichteten Spielgehege. Vielfältig, abwechslungsreich und vor allem artgerecht ausgestattet bieten beide zusammen dann genügend geeignete Beschäftigung für diese nimmermüden Arbeiter.

Kosten der Rennmaushaltung

- *Anschaffungspreis:* je nach Fellfarbe zwischen 7 und 15 Euro
- *Rennmausheim (zum Beispiel Aquarium):* je nach Größe zwischen 40 und 80 Euro
- *Ausstattung des Heims (etwa Schlafhäuschen, Sandbad, Nippeltränke):* mindestens 40 Euro
- *Herstellung und Ausstattung eines Spielgeheges (zum Beispiel artgerechtes Laufrad):* mindestens 50 Euro
- *Unterhalt (beispielsweise Futter, Streu, Sand, neues Fitness-Utensil):* monatlich rund 10 Euro
- *Tierarztkosten bei Erkrankung:* Kosten abhängig vom Krankheitsbild und der Dauer der Behandlung

Ein praktisches Rennmauszuhause: das Cricetinarium – hier eine selbst gebaute Version aus glatten, leicht zu reinigenden, kunststoffbeschichteten Spanplatten, einem verzinkten Gittergeflecht (Weite 1 Zentimeter) und mit den Maßen 125 (L) x 55 (B) x 50 (H) Zentimeter. So ausgestattet ist es auch prima als Abenteuerspielplatz geeignet.

Das richtige Rennmausheim

Rennmäuse können zwar recht gut klettern, als reine Bodenbewohner tun sie dies allerdings nur äußerst selten. Viel eher beobachtet man sie beim eifrigen Buddeln, Scharren und Nagen oder wie sie über Stege eilen, durch Röhren huschen und behände auf Anhöhen springen, um dort Ausschau zu halten. Was Rennmäuse also brauchen, ist eine möglichst dicke Schicht Einstreu, in der sie nach Herzenslust Gänge ausheben, Schlafhöhlen formen und ausgiebig nach Futter schürfen können. Damit der dabei anfallende Abraum nicht sogleich die Umgebung verunziert, eignet sich ein Aquarium zur Unterbringung am besten. Für zwei bis vier Rennmäuse sollte es mindestens 100 Zentimeter breit, 50 Zentimeter tief und 40 Zentimeter hoch sein. Doch auch ein so genanntes Cricetinarium (siehe Abbildung) mit seiner hohen Bodenumrandung gibt ein passables Rennmausheim ab, vor allem, weil sich in solchen Käfigen leichter Etagenbrettchen oder Ähnliches anbringen lassen, die den Rennmäusen eine weitere Bewegungsebene schaffen. Denn selbst das größte Aquarium ist mit seiner Grundfläche allein als Bewegungsraum für die Tiere nicht ausreichend. Abhilfe lässt sich aber auch dort schaffen, etwa indem auf stabilen Holzstelzen Platz für Sandbäder, Aussichtsplätze oder Tränkgefäße entsteht. Ihre kräftigen Hinterbeine lassen es vermuten: Rennmäuse können gut springen – sowohl weit als auch hoch. Ihr Gehege braucht deshalb eine solide und rundum sicher schließende Abdeckung aus einem stabilen Holzrahmen mit luftdurchlässigem Drahtgittergeflecht (Maschenweite 0,8 bis 1,2 Zentimeter).

HALTUNG UND PFLEGE

Die Standortfrage

Rennmäuse sind besonders in der Dämmerung sehr aktiv und eilen geschäftig hin und her. Lautlos geht das nicht vonstatten, weshalb ein Rennmausheim verständlicherweise weder im Kinder- noch im Schlafzimmer seinen Standplatz bekommen sollte. Andererseits darf es auch nicht inmitten eines reinen Kinderspielbereiches stehen, wo die Merries die meiste Zeit ihrer Tagschlafphasen nicht zur Ruhe kommen. In gedämpfter Geräuschkulisse, bei moderaten Umgebungstemperaturen, ohne Tabakqualm, Zugluft und direkte Sonneneinstrahlung, geschützt in einer Ecke des Raums, etwas erhöht auf einem stabilen Tisch oder Schränkchen findet das Rennmausheim einen idealen Standplatz.

Auch wenn ihr Stoffwechsel aufs Wassereinsparen programmiert ist: Ganz ohne Flüssigkeit kommt selbst eine Rennmaus nicht aus.

Artgerechte Ausstattung

Viel Platz allein genügt natürlich nicht, um Rennmäuse zufrieden zu stellen. Ihr künstlich gestaltetes Zuhause braucht geeignete Bereiche für die Körperpflege, fürs Nagen, Schlafen, Futterbunkern und für die Fitness. In ein artgerecht eingerichtetes Rennmausheim gehören deshalb unbedingt:

- Mindestens ein geräumiges Schlafhäuschen (18 x 18 x 15 Zentimeter) aus unbehandeltem Buchen- oder Weidenholz, am besten mit Flachdach und mehreren Einschlupflöchern ausgestattet. Wer den häufigen Ersatz solcher Holzbehausungen scheut, sollte sich für Modelle aus unglasiertem Ton entscheiden. Diese halten den fleißigen Nagezähnen deutlich länger stand.
- Ein bis zwei kleinere höhlenförmige Gefäße aus unbehandeltem Holz, unglasiertem Ton, dickwandiger Pappe, Kork oder Grasmaterial – falls eine Rennmaus mal für sich allein sein möchte oder auch als Vorratskammer.
- Eine Ton- oder Glasschale (Durchmesser 20 bis 25 Zentimeter, Rand mindestens 5 Zentimeter) mit Chinchillasand für die Fellpflege, denn Rennmäuse lieben und brauchen das tägliche Sandbaden.
- Eine Trinkflasche: Besonders praktisch sind so genannte Nippeltränken, die es für Aquarien auch holzverkleidet und mit stabiler Standvorrichtung beziehungsweise haltbaren Saugnäpfen gibt. Alternativ ein standfestes Wassernäpfchen (Höhe höchstens 4 Zentimeter), das erhöht aufgestellt werden muss, damit es nicht sofort mit Einstreu zugescharrt wird. Einen Futternapf benötigen Rennmäuse eigentlich nicht. Sie haben es meist lieber, wenn sie sich

Der 9 bis 11 Zentimeter lange Schwanz mit seiner Quaste an der Spitze fungiert nicht nur als Stabilisator beim Sitzen und der Fortbewegung, er dient der Rennmaus auch als Kommunikationsmittel.

ihr Futter selbst zusammensuchen dürfen. Lange Zeit verbringen sie damit, in der Einstreu danach zu scharren. Dank ihres sensiblen Schnuppernäschens bleiben ihnen selbst winzigste Körnchen nicht verborgen.

- Verschiedene Fitness-Gerätschaften wie große Steine, kräftige Zweige von Buchen, Weiden, Haselnuss- oder Obstbäumen (vorher gut abwaschen und trocknen lassen!) zum Erklimmen und zum Beknabbern; außerdem dickwandige Papp-, Kork- und Holzröhren zum Durchkriechen und Benagen; Unmengen an Pappkartons (ohne Metallteile und Klebstoffe!) sowie Küchen- und Toilettenpapierrollen zum Zerkleinern.

- Eine mindestens 20 Zentimeter tiefe Lage Einstreu: Geeignet ist zum Beispiel wenig staubende, grobe Kleintierstreu oder Einstreugranulat aus Buchenholz. Wird etwas Stroh und Wiesenheu untergemengt, bleiben die Röhrenbauten stabiler. Die ebenfalls für genügende Stabilität der Gänge nötigen Pappeschnipsel schreddern sich die Tiere selbst – vorausgesetzt sie haben genug Rohmaterial zur Verfügung. Und so wächst ihre Streu Tag um Tag ein Stückchen höher.

- Nestmaterial: Ideal ist ein Mix aus reichlich unparfümiertem Toilettenpapier, Papiertaschentüchern, Küchenkrepp und frisch duftendem Wiesenheu. Verwenden Sie auf keinen Fall Watte oder Wolle! Rennmäuse können sich darin verheddern und sich Gliedmaßen abschnüren. Holz, Ton und Keramik sind empfehlenswerte Materialien für die Inneneinrichtung, Utensilien aus Kunststoff eignen sich dagegen nicht, da sie sogar gefährlich für die Tiere werden können, wenn sie angenagt und Teilchen davon abgeschluckt werden. Für so fleißige Häcksler wie die Rennmäuse ist es ein Leichtes, ein kleines

HALTUNG UND PFLEGE

Buddeln – ein Erbe, das jede Rennmaus in sich trägt und ihr auch dabei hilft, die Krallen genügend abzunutzen. Mit den Vorderpfötchen scharren, mit den Hinterbeinchen den Aushub nach hinten schleudern, so graben sich die Tiere ihre Wohnröhren oder wie hier ein gemütliches Kuschelplätzchen.

Kunststoffgefäß binnen weniger Minuten in eine Hand voll Konfetti zu verwandeln. Daher ist Kunststoff, egal in welcher Form, in einem Rennmausgehege absolut tabu! Für Sandbäder und Wassernäpfchen sind standfeste, glasierte Ton-, Keramik- und Glaswaren ideal. Schlafhäuschen wählt man besser aus Holz oder unglasiertem Ton, damit sich kein Schwitzwasser an den Wänden niederschlägt. Alle Einrichtungsgegenstände müssen stabil gelagert sein, damit sie von den unermüdlichen Wühlern nicht unterbuddelt werden können und dann womöglich über ihnen zusammenstürzen.

Dünne Zweigchen werden flugs in kleine Stücke zerlegt, sorgfältig nebeneinander ins Mäulchen gestapelt und zum Nest transportiert.

Weicher Chinchillasand eignet sich für die Fellpflege besser als grober mineralstoffreicher Vogelsand, der das Haar der Rennmäuse sogar schädigen kann. Da Merries ihr Sandbad gern auch als Toilette benutzen, muss es täglich erneuert werden.

Rundum gepflegt

Die nötigen Pflegemaßnahmen bei der Rennmaushaltung sind nicht aufwändig, müssen aber regelmäßig durchgeführt werden, damit die kleinen Heimtiere sich wohl fühlen und gesund bleiben. Auch Kinder können dabei mithelfen – das stärkt ihr Verantwortungsbewusstsein. Wichtig ist es auch, dass Sie sich rechtzeitig nach einer Urlaubsbetreuung für Ihre Tiere umsehen. Haben Sie einen verantwortungsbewussten Nachbarn, der sich während Ihrer Abwesenheit um die Tiere kümmern kann?

Das Wohlfühl-Pflegeprogramm für Mongolische Rennmäuse

▸ *Täglich*

Morgens:
- Feuchtfutter vom Vortag entfernen; die halbe Tagesration an Trockenfutter großflächig auf der Einstreu verteilen
- Nippeltränke kontrollieren und Wasserschale säubern und befüllen. Das Trinkwasser darf ruhig etwas abgestanden sein, da es so für die Rennmäuse bekömmlicher ist als das chlorhaltige Frischwasser direkt aus der Leitung
- Gegebenenfalls feuchtes Nestmaterial entfernen und trockenes anbieten

HALTUNG UND PFLEGE

- Kontrollieren, ob das Mobiliar noch vollkommen intakt und stabil arrangiert und kein Gegenstand schadhaft geworden ist
- Sandbad erneuern; verschmutzten Sand in Kompost entleeren (Vorsicht, nichts davon in den Abfluss schütten, hartnäckige Rohrverstopfung droht!), Schale heiß auswaschen, gründlich trocken reiben und mit frischem Chinchillasand befüllen

Am frühen Abend:
- Die zweite Hälfte der täglichen Trockenfutterration sowie Feuchtfutter geben (zum Beispiel etwas Gemüse und ein Bröckchen Käse oder Ei)
- Wenn die Rennmäuse neugierig ihre Näschen nach Ihnen recken: Streicheleinheiten verteilen, bis die Tiere genug davon haben – gleichzeitig kurze Überprüfung ihres allgemeinen Befindens; wenn Sie und Ihre Tiere Lust darauf haben, gemeinsamer Ausflug zum Abenteuerspielplatz

▸ Wöchentlich
- Trinkflasche reinigen und frisch befüllen Durch Kotpillen verschmutzte Einstreu entfernen, falls nötig durch frische Streu ergänzen

▸ Monatlich
- Großputz (siehe unten)
- Gründlicher Gesundheitscheck (siehe „Krankheitsanzeichen").

Eine gründliche Ganzkörperreinigung steht mehrmals täglich auf dem Beschäftigungsprogramm – auch der dicht behaarte Schwanz wird dabei nicht vergessen. Bei so sorgfältiger Eigenpflege ist es nicht erstaunlich, dass Rennmäuse für menschliche Nasen völlig geruchlos sind.

Ob Pfoten, Mäulchen, Näschen oder Vibrissen: Vor allem nach dem Fressen verwenden Rennmäuse viel Zeit, um diese zu säubern.

Je größer das Rennmausheim ist, umso seltener ist ein Großputz fällig. Hierzu werden alle Einrichtungsgegenstände aus dem Gehege genommen, mit heißem Wasser (ohne chemische Zusätze!) gereinigt und abgetrocknet. Auch die Einstreu wird restlos entfernt. Das Aquarium oder Cricetinarium samt Abdeckung wird gründlich abgewaschen und geschrubbt. Bevor die Innenausstattung wieder an ihren Platz kommt und frische Einstreu eingefüllt wird, muss alles absolut trocken sein, sonst kann sich Schimmel bilden, der sowohl für die Atemwege als auch den Magen-Darm-Trakt Ihrer Nager gefährlich werden kann. Variieren Sie die Einrichtung nach jedem Großputz! Ihre aufgeweckten Rennmäuse werden es Ihnen danken. Die Tiere lieben die Abwechslung. Nicht umsonst verbringen sie täglich sehr viel Zeit damit, sich ihr Zuhause neu herzurichten.

Dieses Rennmausweibchen nimmt sich sogar jedes Tasthaar einzeln vor.

Gründliche Kinderpflege – wenn nötig auch gegen den Willen des kleinen Schützlings

ERNÄHRUNG

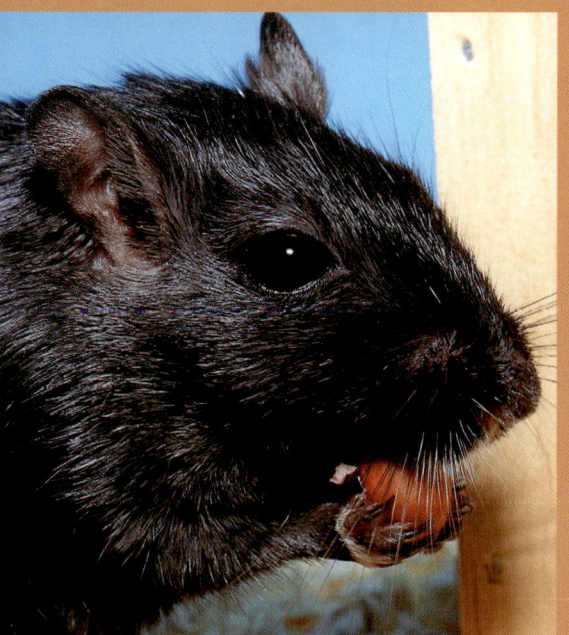

Die Vorderbeine taugen nicht nur bestens zum Graben, sie geben auch ideale Greifwerkzeuge ab, mit denen sich Futterbröckchen sicher halten und zum Mäulchen führen lassen.

Zarte Hälmchen werden oft ganz gezielt zwischen den gut beweglichen Krallen platziert und erst dann genüsslich verspeist.

Ernährung

Viel Nahrung brauchen Mongolische Rennmäuse nicht, aber reichhaltig und ausgewogen muss sie sein – und frei von Nahrungsmittelschädlingen wie Motten, Milben oder Pilzsporen. Denn verdorbenes Futter führt bei den kleinen Nagern rasch zu heftigen Verdauungsstörungen und einer lebensbedrohenden Mangelernährung.

Trockenfutter

Trockenfutter für Rennmäuse bekommen Sie im guten Zoofachhandel. Empfehlenswerte Fertigfuttermischungen enthalten wenig Dickmacher wie Sonnenblumenkerne oder Nüsse, dafür aber reichlich und vielfältig gemischte Getreidekörner und -flocken, Gräser- und Kräutersamen, getrocknetes Gemüse und getrocknete Kräuter. Entscheiden Sie sich für Produkte mit möglichst vielen Kleinsämereien wie Hirse und Leinsaat oder mischen Sie selbst etwas Wellensittichfutter unter das Basisfutter. Füttern Sie pro Tier und Tag einen gestrichenen Esslöffel voll von dieser Futtermischung.

Was ebenfalls jeden Tag reichlich zur Verfügung stehen muss, ist frisches, aromatisch duftendes Wiesenheu. Gutes Heu enthält Kräuter und verschiedenste Gräser mit Blättern, Blüten und Fruchtständen. Es liefert Mineralstoffe und Spurenelemente für einen gesunden Stoffwechsel, und mit seinen Rohfasern (Ballaststoffen) fördert es die Verdauung. Darüber hinaus dient es den Rennmäusen als Nestmaterial.

Hartes zum Knabbern ist wichtig, um die zeitlebens nachwachsenden Schneidezähne auf natürliche Weise abzuwetzen.

Kalksteine, Vitamintropfen und andere Nahrungsergänzungsstoffe sind nicht nötig, wenn die Tiere gesund und die Futterrationen ausgewogen sind. Sehr fetthaltige Leckerbissen wie Nüsse kommen bei Familie Rennmaus nur selten auf den Tisch.

Feuchtfutter

Saftiges Frischfutter enthält lebenswichtige Vitamine, Mineralstoffe, Spurenelemente und Flüssigkeit. Ob frisches Gemüse, Obst oder Kräuter, eine kleine Menge davon brauchen Rennmäuse täglich, am besten jeden Tag eine andere Sorte. Entscheiden Sie sich für unbehandelte Produkte vom Biohof oder aus dem Reformhaus, die Sie gründlich waschen und trocken tupfen, bevor Sie sie Ihren Tieren einzeln verfüttern. Geben Sie möglichst nur so viel, wie jedes Einzeltier sofort verzehrt – andernfalls müssen Sie tags darauf die Reste aus dem Käfig entfernen, damit sie nicht verschimmeln. Bei unbekanntem Frischfutter reichen Sie zunächst nur winzige Häppchen, damit sich der Verdauungstrakt Ihrer Nager langsam an die neue Kost gewöhnen kann.

Nicht auf den Saftfutterspeiseplan von Mongolischen Rennmäusen gehören Avocados (hochgiftig für die Tiere), Kohl, Radieschen, Zwiebeln, Rettich und zum Beispiel Steinobst. Gesund hingegen sind Karotten, Gurken, Zucchini, Sellerie und Mais, ebenso kleine Mengen an Äpfeln oder Birnen. Auch von einem leckeren Grünfutterkräutercocktail aus Gräsern, Getreiderispen, Löwenzahn (Blüten und Blätter), Ringelblumen- und Gänseblümchenblüten sowie selbst gezogenen Keimlingen (zum Beispiel Weizenkörner) profitieren Ihre Meriones sehr. Beliebt sind zweifellos frische Zweige von Obstbäumen mit leckerer Rinde und Blüten, ebenso frische Zweige, Blätter und Knospen von Weiden oder Haselnussbäumen.

Tierisches Eiweiß

Mongolische Rennmäuse sind keine strengen Vegetarier. Kleine Mengen an tierischem Eiweiß brauchen auch sie, um gesund zu bleiben. Geeignet sind Hüttenkäse, Naturjogurt, Magerquark, Hartkäse und Katzen-Trockenfutter. Füttern Sie Ihren Tieren aber stets nur winzige Häppchen davon und höchstens dreimal in der Woche. Jungtieren und trächtigen oder säugenden Weibchen sollten Sie etwas größere Mengen geben, denn deren Eiweißbedarf ist wesentlich höher als bei einem erwachsenen, normal belasteten Tier.

Mehlkäferlarven, so genannte Mehlwürmer, sind ebenfalls reich an Eiweiß, aber auch an Fett. Verfüttern Sie diese besonderen Leckerbissen nicht öfter als zweimal wöchentlich – eine Larve pro Rennmaus. Ist ein säugendes Weibchen in Ihrer Gruppe, geben Sie ihm ruhig täglich eine dieser kleinen Energiebomben. Sie kann diese jetzt brauchen.

Reichen Sie Ihren Rennmäusen verführerische Leckereien möglichst aus der Hand oder direkt vom Löffel. Das ist eine einfache, aber treffsichere Methode, um sich unwiderstehlich für die Tiere zu machen – ein probates Mittel auch für die Eingewöhnungsphase.

Übers Wochenende allein

Sollen Ihre Rennmäuse einmal für maximal zwei bis drei Tage allein zu Hause bleiben, geben Sie ihnen neben der doppelten beziehungsweise dreifachen Ration an Körnerfutter, Heu und zum Beispiel Hundekuchen auch genügend feuchte Nahrung. Besser geeignet als Tomate und Kiwi sind nun Karotten und Äpfel; statt Quark oder Ei geben Sie ein paar Bröckchen Hartkäse – das hält sich länger. Mindestens zwei zusätzliche, dickwandige Pappkartons zum Zerschreddern und mehrere Zweige mit Blättern und Knospen sind sowieso obligatorisch.

Jungtiere werden im Allgemeinen schneller zutraulich. Aber auch ältere Rennmäuse, etwa solche aus dem Tierheim, lassen sich mit etwas Einfühlungsvermögen meist noch gut an ein neues Zuhause gewöhnen. Rennmäuse haben eine Lebenserwartung von zwei bis vier Jahren.

Mit Rennmäusen leben

Mit einer kleinen Menge der vertraut duftenden Einstreu aus dem alten Zuhause können die Rennmäuse in diesem Transportbehälter sicher ihre Reise ins neue Heim antreten. In einer solchen Box (Maße 30 x 25 x 25 Zentimeter) können Sie Ihre Tiere auch unterbringen, während Sie ihr Gehege einer Großreinigung unterziehen oder sie zum Tierarzt bringen.

Ein perfekt ausgestattetes Domizil wartet auf Ihre neuen Hausgenossen – endlich können die Tiere einziehen. Ob aus dem Tierheim, einem Zoofachgeschäft oder vom Züchter – kaufen Sie nur dort, wo Ihnen Haltungsbedingungen und Beratung zusagen und ebenso der Gesundheitszustand der Tiere. Suchen Sie Ihre Rennmäuse am frühen Morgen oder späten Abend aus. Dann sind sie richtig munter und Sie können das Befinden und Verhalten beurteilen. Kaufen Sie immer mindestens zwei Tiere, denn Mongolische Rennmäuse sind nicht fürs Singledasein geschaffen. Entscheiden Sie sich am besten für zwei (bis maximal vier) gleichge-

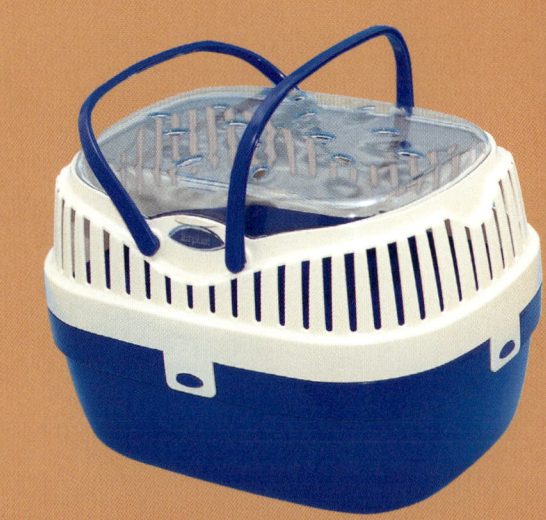

schlechtliche Tiere aus einem Wurf, die nicht jünger sind als sechs Wochen. Auch einander unbekannte Weibchen beziehungsweise Männchen können Sie aussuchen. Die Tiere sollten dann aber nicht älter als acht Wochen sein, damit sie sich auch auf Dauer gut miteinander vertragen. Wollen Sie einem Einzeltier, das nach dem Verlust seines Partners nicht allein bleiben soll, einen Artgenossen zugesellen, entscheiden sie sich ebenfalls für ein (gleichgeschlechtliches) Jungtier von maximal acht Wochen. Dann klappt die Vergesellschaftung besser.

Bei gemischtgeschlechtlicher Haltung müssen Sie bald mit immer zahlreicher werdendem Nachwuchs rechnen, den es zu versorgen gilt. Denn bei den Heimtieren klappt die Geburtenkontrolle nicht immer so perfekt wie bei den wild lebenden Rennmäusen.

Rennmäuse, die gesund sind und sich wohl fühlen,
- haben große, glänzende Knopfaugen und ein sauberes Näschen ohne starken Ausfluss.
- haben ein ölig glänzendes Fell ohne kahle Stellen.
- haben weder Verletzungen noch Verkrustungen.
- sind (während ihrer rhythmischen Aktivitätsphasen) lebhaft, neugierig und aufmerksam.
- buddeln eifrig in der Einstreu, jedoch nicht stereotyp wie ausschließlich in einer Käfigecke.
- bewegen sich gewandt ohne zu hinken.
- zerspleißen mit Hingabe Pappe und andere Nageutensilien.
- betreiben ausgiebig Körperpflege wie zum Beispiel genüssliche Sandbäder.
- scharren nach Futter und fressen mit Appetit.
- haben keine überlangen Krallen oder Schneidezähne.
- haben kein kotverschmiertes Fell um den After, sondern setzen feste Kotpillen ab.
- zeigen kein auffällig häufiges Kratzen.

10 bis 13 Zentimeter groß und 70 bis 110 Gramm schwer werden die geselligen Rennmäuse – Weibchen sind in der Regel etwas kleiner und leichter als Männchen.

Bis zum Alter von rund drei Wochen lassen sich Männchen und Weibchen nur am Abstand zwischen Geschlechtsöffnung und After unterscheiden: Bei der männlichen Rennmaus ist dieser ungefähr doppelt so groß wie bei der weiblichen. Später ist das Männchen an den großen Hoden und der markanteren Duftdrüse am Bauch zu erkennen. Hier ein sieben Wochen altes Männchen.

Vertraut machen

Zu Hause angekommen platzieren Sie den Transportbehälter im Rennmausheim. Erst dort nehmen Sie behutsam den Deckel ab und arrangieren die Boxunterschale leicht gekippt zwischen zwei Steinen oder Ähnlichem. Dann verschließen Sie das Gehege und überlassen die Tiere erst einmal sich selbst. Sobald Ihre Merries herausgeklettert sind, nehmen Sie die Box in aller Ruhe aus dem Gehege und stören nicht weiter. Denn während der nächsten zwei bis drei Tage sollen die kleinen Nager Gelegenheit bekommen, ihr neues Heim ausgiebig zu erkunden und nach ihren Wünschen umzugestalten. Beschränken Sie sich deshalb aufs Füttern (das Sandbad reinigen Sie in diesen ersten Tagen ausnahmsweise nicht) und darauf, die Tiere zu beobachten. Plaudern Sie jetzt bereits mit ihnen. So können sich die Neuzugänge schon mal an Ihre Stimme gewöhnen. Was Sie ihnen auch erzählen mögen: Tun Sie es leise, freundlich und mit hoher Stimme, aber möglichst ohne Zischlaute.

Erst wenn Sie am Verhalten der Tiere erkennen, dass sie mit ihrer Heimstatt vertraut sind und sich dort sicher und geborgen fühlen, bieten Sie Ihre Hand zum Beschnuppern an. Bewegen Sie die Hand langsam und nicht zu dicht neben den Merries. Lassen Sie ihnen Zeit! Wagen die Renner sich diesmal noch nicht heranzukommen, klappt es sicher beim nächsten Mal. Wenn Sie Ihnen einen Leckerbissen hinhalten, werden sie bestimmt umso mutiger werden.

Wenn sich die Rennmäuse Ihrer Hand nähern und den Leckerbissen entgegennehmen, dürfen Sie auch mal sanft übers Fell streichen. Mehr aber nicht! Krabbeln die Tiere nach ein paar Tagen von allein auf Ihre dargebotenen Hände, können Sie sie vorsichtig aufnehmen, einen Moment behutsam in der hohlen Hand halten und wieder zurücksetzen. Das genügt für den Anfang!

Je umsichtiger Sie bei diesen ersten Kontakten vorgehen, umso rascher gewinnen Ihre Rennmäuse Vertrauen und umso entspannter und ausgeglichener werden sie auch in Zukunft sein. Was während der Gewöhnungsphase geschieht, prägt die Merries lebenslang. Beobachten Sie Ihre Nager genau und überfordern Sie sie nicht! Manche Mongolischen Rennmäuse lassen sich bereits nach einer Woche im Zimmer umhertragen, andere erst nach einem Monat.

Hinweis

Fassen Sie nie rasch oder von oben kommend über Ihre Rennmäuse, um sie zum Beispiel aus dem Gehege zu nehmen. Die vorsichtigen Nager würden mit Sicherheit die Flucht ergreifen und sich in ihrem Tunnelsystem verschanzen: Sie könnten schließlich ein Tod bringender Greifvogel sein. Greifen Sie Ihre Tiere auch niemals fest am Schwanz, dessen Haut könnte sich dabei ablösen. Dies ist ein Schutzmechanismus, um Fressfeinde zu entkommen. Allerdings bleiben dabei die nackten Schwanzwirbel zurück, die allmählich abtrocknen und abfallen. Lassen Sie die Rennmäuse also immer auf Ihre Hände krabbeln, bevor Sie sie hochnehmen. Und verwenden Sie vorher keine parfümierten Seifen oder Handcremes, das würde die hoch empfindlichen Näschen irritieren.

Holzwand (in die zahlreiche kleine Löcher oder Schlitze gebohrt werden) in zwei getrennte Bereiche. Dann erst dürfen die Rennmäuse einziehen – auf jeder Seite eine. Bestimmt werden sie gleich reichlich Gebrauch davon machen, durch die Duftöffnungen den Geruch des Gegenübers einzusaugen. Nach ein paar Tagen sollten die Tiere dann mehrmals für einige Stunden das Gehege des anderen bewohnen, um sich so restlos mit dem Körperduft des Artgenossen vertraut zu machen. Erst danach darf die Trennwand verschwinden.

Trotz dieser gründlichen Vorbereitung müssen Sie das Verhalten der beiden Tiere in den ersten Tagen des Zusammenseins genau beobachten. Nicht immer verläuft eine Vergesellschaftung reibungslos. Kleine Rangeleien sind kein Anlass zur Sorge. Sollten die Auseinandersetzungen jedoch heftiger werden, trennen Sie die Tiere wieder, und zwar dauerhaft. Ab jetzt haben Sie eben zwei Singles.

Schnuppern und ein zärtliches Nasenstupsen: das typische Begrüßungsritual unter den Mitgliedern einer Rennmaussippe

Tiere aneinander gewöhnen

Möchten Sie einem Einzeltier einen Artgenossen zugesellen, dürfen Sie den Neuen niemals sofort in dessen Gehege setzen. Das könnte sein Todesurteil sein. Lassen Sie die Tiere zunächst auf neutralem Terrain Bekanntschaft schließen und Körperdüfte austauschen, damit es nicht zu Streitigkeiten kommt. Dazu bereiten Sie ein bisher unbenutztes Gehege als Begegnungsstätte vor oder Sie reinigen das des Singles äußerst gründlich und richten es komplett neu ein. Unterteilen Sie es dabei mit einer sehr stabilen

RENNMÄUSE

Extrem bewegliche Ohrmuscheln, große, weit vorstehende Kulleraugen mit fast vollständiger Rundumsicht, riesige Vibrissen und eine feine Schnuppernase: ideale Voraussetzungen für eine gute Orientierung, auch in der Dämmerung

Mit den empfindsamen Pfotenballen und dem dichten Flaum hoch empfindlicher Tasthärchen um das Schnäuzchen herum kann die Rennmaus jedes Nahrungsbröckchen bis ins Detail erkunden, bevor sie es zu sich nimmt.

Rennmäuse und ihre Sinne

Rennmäuse können nicht besonders scharf, aufgrund der Anordnung ihrer weit hervortretenden Kulleräuglein aber sehr gut nach oben und zur Seite sehen. Ohne den Kopf drehen zu müssen, haben sie so einen fast vollständigen Rundumblick. Bewegtes erkennen Rennmäuse am besten – selbst in der Dämmerung und aus dem Augenwinkel heraus. Sie sind sogar in der Lage bestimmte Farben und UV-Licht wahrzunehmen. Grün- und Blautöne identifizieren sie wohl am sichersten. Sie hören auch sehr gut, sogar im Ultraschallbereich. Ihre obere Hörgrenze liegt bei 60 Kiloherz, bei Jungtieren sogar etwas über 100 Kiloherz. Bei sehr tiefen Frequenzen schneiden Rennmäuse ebenfalls ausgezeichnet ab. Gerade in weitläufigen Wüsten- und Steppengebieten und bei Tieren mit einem großen Aktionsradius ist dies natürlich von Vorteil, denn niederfrequente Töne (wie etwa diejenigen, die die Tiere beim Trommeln mit den Hinterbeinen erzeugen) tragen über wesentlich weitere Entfernungen als hochfrequente.

Ihre riesigen Tasthaare im Gesicht weisen bereits darauf hin: Auch das Tastempfinden ist außerordentlich gut entwickelt. Noch bei völliger Dunkelheit können sie sich mühelos orientieren, so etwa in ihren tief unter der Erde liegenden Röhrenbauten. Allerdings gelingt dies nicht allein mithilfe dieser empfindlichen Härchen, sondern auch, weil zum Beispiel ihre Pfötchen mit hoch sensiblen Tastrezeptoren ausgestattet sind und weil ihr Geruchsvermögen äußerst fein ist. Wie viele andere Säugetiere besitzen Rennmäuse zwei getrennte Riechsysteme, eines in ihrer Nase und eines am Gaumendach. Besonders letzteres, das so genannte Vomeronasalorgan (VNO), spielt bei der geruchlichen Verständigung mit Artgenossen die entscheidende Rolle.

Dieses Rennmausweibchen ist entspannt und aufmerksam – neugierig inspiziert es die Umgebung.

- ziehen sich, während sie gekrault werden, abrupt zurück: Sie wollen jetzt in Ruhe gelassen werden.
- stellen sich auf die Hinterbeine und recken das Köpfchen empor: Sie sind aufmerksam und neugierig gespannt.
- wälzen sich mit Wonne im Sandbad: Sie betreiben Körperpflege und fühlen sich pudelwohl.
- reiben ihr Köpfchen an Ihren Händen, lecken und beknabbern Sie: Das ist ein Zärtlichkeitsbeweis. Die Tiere begrüßen Sie und zeigen Ihnen, dass sie Vertrauen haben und sich wohl fühlen.
- setzen gezielt Kot und Urintröpfchen ab: Sie markieren ihr Revier mit Duftstoffen.
- reiben, flach an den Boden gepresst, ihren Bauch an Steinen und Ähnlichem: Sie verbreiten die Duftsekrete ihrer Bauchdrüse.

Körpersprache

Beim Umgang mit den kleinen Hausgenossen ist es wichtig zu erkennen, was die Tiere ihrem menschlichen Pfleger mitteilen wollen. Im Folgenden sind die wichtigsten „Vokabeln" aufgeführt. Die Mongolischen Rennmäuse

- bewegen sich flach und lang gestreckt entlang einer Deckung voran: Sie sind noch unsicher in der fremden Umgebung.
- eilen fluchtartig in eine schützende Deckung, etwa in ihr Schlafhäuschen: Sie haben sich erschreckt.
- trommeln mit den Hinterbeinen: Sie warnen ihre Artgenossen vor einer (vermeintlichen) Gefahr. Haben Sie sich den Tieren vielleicht laut, schnell oder unvermittelt genähert?
- fallen in Schreckstarre: Sie haben starken Stress. Lassen Sie die Tiere dann unbedingt in Ruhe.

Während der Papa gelassen weiter futtert, ist seinen Kindern das plötzlich einsetzende Blitzlichtgewitter noch nicht ganz geheuer.

Wenn Rennmäuse krank werden

Bei richtiger Haltung und Pflege sind Rennmäuse wenig krankheitsanfällig. Ihr Immunsystem kann dann die unterschiedlichsten Krankheitserreger in Schach halten. Bei Stress (ob durch mangelnde Pflege, schlechte Unterbringung, falsches Handling oder unausgewogene Ernährung, aber auch im Alter) wird ihre Immunabwehr immer schwächer – schließlich erkranken sie. Ob die Tiere ihre Krankheit schnell oder überhaupt besiegen können, hängt entscheidend davon ab, ob diese rechtzeitig erkannt und behandelt wird, denn ihr zierlicher Körper hat kaum Kraftreserven, von denen er längere Zeit zehren könnte. Wenn Sie sich täglich ausgiebig mit Ihren Merries beschäftigen, werden Ihnen selbst geringfügige Veränderungen ihres Äußeren und ihres Verhaltens nicht entgehen.

Bemerken Sie Unregelmäßigkeiten, setzen Sie den Patienten in eine weich und warm gepolsterte Transportbox, legen etwas vom Nestmaterial aus dem Schlafhäuschen dazu und bringen ihn so rasch es geht zum Tierarzt. Am besten nehmen Sie die anderen Mitglieder der Sippe auch gleich mit. Handelt es sich um eine ansteckende Krankheit, haben diese sich nämlich meist auch schon angesteckt und müssen ebenfalls behandelt werden. Zudem ist der kleine Patient dann nicht allein, denn Alleinsein kennt er ja nicht. So schließen Sie aus, dass er später von seinen Gehegegenossen nicht mehr als Gruppenmitglied erkannt und womöglich attackiert wird. Dies würde erneut Stress bedeuten und den Heilungsprozess verzögern. Die Zeit seiner Genesung sollte der Nagerpatient ebenfalls nicht isoliert, sondern zusammen mit seinen Artgenossen im vertrauten Rennmausheim verbringen.

Auch Wärme hilft heilen: Wenn Sie in rund 30 Zentimeter Abstand zu einer der Schlafhöhlen im Rennmausheim eine Rotlichtlampe (150 Watt) anbringen, können sich Ihre kleinen Patienten dort aufwärmen und sich wieder zurückziehen, sobald es ihnen zu warm wird.

Krankheitsanzeichen
Die Rennmäuse
- sind matt und teilnahmslos.
- fressen nicht oder zeigen starken Gewichtsverlust.
- haben eine stark gekrümmte Körperhaltung mit gesträubtem, struppigem Fell.
- haben Schmerzen, zum Beispiel bei Berührung bestimmter Körperstellen.
- beißen plötzlich beim Anfassen oder Hochnehmen.
- lahmen oder taumeln.
- haben Zuckungen oder Krampfanfälle.
- haben starken rötlichen Ausfluss aus den Augen, der Nase oder aus der Scheide.
- niesen, husten oder atmen schwer und rasselnd.
- haben einen kotverschmierten After und setzen schleimigen, breiigen, säuerlich riechenden Kot ab.
- haben Hautrötungen oder kahle Stellen im Fell und kratzen sich häufig.
- zeigen Verkrustungen der Haut.
- haben wunde, entzündete Pfoten, überlange Krallen oder zu lange Schneidezähne.
- haben Schwellungen oder Knoten auf, in oder unter der Haut.

Tropfen oder fein zermörserte Tabletten verabreichen Sie entweder zusammen mit etwas Flüssigkeit mit einer Tuberkulinspritze (ohne Kanüle) direkt ins Mäulchen Ihrer Rennmaus oder Sie lassen die Medizin – mit einem Tropfen Jogurt vermengt – vom Löffelchen ablecken.

Auffällig, aber nicht krankhaft

Rennmäuse haben ein paar Eigenarten, die manchmal irrtümlich als Erkrankungszeichen gedeutet werden. Schauen Sie bitte mal genau hin!

Am Bauch Ihrer Rennmäuse entdecken Sie eine merkwürdige Stelle, die einem offenen Geschwür oder einer klaffenden Wunde ähnelt. Das ist keine krankhafte Veränderung. Es zeigt vielmehr den Sitz der so genannten Bauch- oder Ventraldrüse an, mit deren Sekret die Tiere ihr Territorium mit Duft markieren. Erst beim geschlechtsreifen Tier ist die Drüsenstruktur voll entwickelt, beim Männchen deutlicher zu sehen als beim Weibchen.

An den Augen und um die Näschen herum bemerken Sie etwas rötliche Flüssigkeit. Dies ist kein Blut, sondern das durch besondere Farbstoffe (Porphyrine) rot gefärbte Sekret der Harder'schen Drüsen, die an den inneren Augenwinkeln münden. Sowohl mit der Tränenflüssigkeit als auch durch die Nasenlöcher tritt es nach außen. Eine ungewöhnlich starke Absonderung tritt eher selten ein, kann dann aber doch Ausdruck einer akuten Erkrankung sein.

Das Fell erscheint fettig. Auch das ist völlig normal, denn Meriones reiben und lecken sich das dafür verantwortliche Haaröl selbst ins Fell. Das Sekret der Harder'schen Drüsen ist nämlich nicht nur pigment-, sondern auch fetthaltig. Bei der Körperpflege wird es von den Austrittsstellen abgerieben und gleichmäßig über das Haarkleid verteilt. Zudem gibt dieses Sekret jedem Tier seine individuelle Duftnote, die beim Austausch von Zärtlichkeiten an die Gruppenmitglieder weitergegeben und dabei mit deren persönlichen

Düften zum so genannten Gruppenduft vermischt wird. Das vielseitige Drüsensekret dient also der Geschmeidigkeit des Haarkleides, der Temperaturregulation und dem Erhalt des Gruppenduftes.

Ihre Rennmäuse fressen Kotpillen direkt vom After weg. Das ist keine Verhaltensstörung, sondern lebenswichtig. Denn es ist nicht der feste, dunkle Kot (ein reines Ausscheidungsprodukt), was die Tiere da zu sich nehmen, sondern der weichere, hellere so genannte Blinddarmkot. Dieser enthält wichtige B-Vitamine, die Rennmäuse für ihre Gesunderhaltung benötigen.

Gemeinsam Spaß haben

Haben Ihre Rennmäuse das neue Heim häuslich eingerichtet, kennen sie dort jeden Stein, jeden Ast, jeden Winkel und sind überdies daran gewöhnt, auf Ihre Hände zu krabbeln und sich streicheln zu lassen? Dann ist es an der Zeit, den Tieren Abwechslung anzubieten, zum Beispiel auf einem Abenteuerspielplatz.

An einer geschützten Stelle in einer Zimmerecke (am besten auf Bodenhöhe und mit einer etwa 20 Zentimeter hohen Begrenzung ringsum) lässt sich herrlich ein Erlebnispark gestalten, den die neugierigen und lebhaften Nager bestimmt gern aufsuchen werden. Sie können diesen Auslauf ähnlich gestalten wie das Gehege, also mit Streu, Unterschlupf und Trinkgelegenheit, nur noch wesentlich geräumiger und abwechslungsreicher ausgestattet. Es versteht sich von selbst, dass die kleinen Flitzer dort niemals allein gelassen werden. Wieso auch? Hier können Sie Ihre Heimtiere wunderbar beobachten, mit ihnen interagieren und sie vor immer neue Herausforderungen stellen, indem Sie dort zum Beispiel häufig neue interessante Trimm-dich-Geräte bereitstellen. Wie wäre es zum Beispiel mit einem Riesenlaufrad fürs Langstreckentraining oder einer großen, tiefen Kiste mit Chinchillasand zum Wühlen? Besonders gern angenommen werden auch Tunnellandschaften aus zusammengebastelten Papprühren, Holzrampen zum Durchflitzen und Klettern oder ein Laufparcours aus sicher gelagerten Hölzern oder Steinen.

Auch mit Futter können Sie Rennmäuse gut unterhalten, etwa indem Sie die cleveren Nager mal so richtig dafür schuften lassen. Verteilen Sie Trockenfutter nicht wie gewohnt nur über die Einstreu, sondern verstecken Sie es fantasievoll. Und platzieren Sie einzelne Leckerbissen so, dass die Tiere diese besonderen Happen nur mit Grips und Körpereinsatz erreichen können. Bieten Sie ab und zu sperrige Kost wie etwa eine ungeschälte

Wir gehen zum Abenteuerspielplatz – kommst du mit?

Ein solches Laufrad aus Holz ist ein Traum für den mongolischen Renner: Es hat einen großen Durchmesser (hier 27 Zentimeter), damit die Wirbelsäule beim Laufen keine schmerzhaften Verkrümmungen erleidet. Zudem besitzt es eine geschlossene Rückwand und eine vollkommen offene Vorderfront, damit die Beinchen und der lange Schwanz nicht gequetscht oder gar gebrochen werden können, und eine griffige, durchgängige Lauffläche ohne pfotenschädigende Kunststoff- oder Metallsprossen.

Walnuss an. Lassen Sie sich immer mal wieder etwas Neues einfallen! Schauen Sie zu, wie sich Ihre kleinen Hausgenossen damit auseinander setzen: Wer kommt schneller zum Erfolg und mit welcher Strategie? Gibt es vielleicht sogar Teamwork?

Nach baumelnden Leckereien wie einem frischen oder getrockneten Kräutersträußchen, das an einem Ast aufgehängt oder über einen Zweig gelegt ist, angeln die Tiere lange mit Begeisterung – mit den Vorderpfötchen ebenso wie mit dem Mäulchen.

Leckerchen mit Loch, die auf einer Schnur aufgereiht von einer Spielplatzseite zur anderen gespannt sind, reizen zum Recken und Strecken.

Kleine trockene Leckerbissen wie Haselnuss-, Erdnuss-, Kürbis- oder Sonnenblumenkerne, die unter Heu oder hinter Steinen versteckt, tief im Sand verbuddelt oder in eine Astgabel geklemmt sind, entgehen keiner Rennmausnase. Ihre Meisterschnüffler werden so lange schnuppern, bis sie alle Leckereien gefunden haben. Bitte nicht mehr als eine Hasel- oder Erdnuss oder zwei Kürbis- beziehungsweise drei Sonnenblumenkerne pro Tag und Tier geben, sonst werden Ihre Meriones zu dick.

Eine leere Küchen- oder Toilettenpapierrolle bietet herrliche Beschäftigungsmöglichkeiten: Füllen Sie in eine solche Röhre ein paar Getreidekörner oder Kamilleblüten ein und verstopfen beide Enden mit Heu oder Papiertaschentüchern. Oder schneiden Sie die Papprolle beiderseits dreimal rund einen Zentimeter tief ein, füllen ein bis zwei größere Futterbröckchen hinein und klappen die entstandenen Kanten nach innen.

Nach einem Stückchen Kolbenhirse, Hundekuchen oder Knäckebrot, das Sie unter einem kleinen Karton versteckt haben, werden Ihre pfiffigen Rennmäuse ebenfalls eifrig forschen. Hierfür müssen sie erst ein Loch in die Pappe nagen, um sich Zugang zu verschaffen.

Ein ganz besonderes Geschenk ist das Rennmausleckerli: Wickeln Sie eine Rosine in reichlich unbedrucktes Papier und verdrillen sie die Enden wie bei einem Bonbon. Damit es keine Eifersüchteleien gibt, basteln Sie so viele Päckchen wie Sie Tiere haben.

Ausgebüxt? Mit einer leeren Küchenpapierrolle – und völlig ohne Hektik – lässt sich der Ausbrecher meist leicht wieder einfangen.